Discovery Education 探索·科学百科（中阶）

4级B4 登月计划

全国优秀出版社
全国百佳图书出版单位 | 广东教育出版社 擎乐

中国少年儿童科学普及阅读文库

探索·科学百科 中阶

登月计划

4级B4

[澳]爱德华·克洛斯⊙著

冯薇(学乐·译言)⊙译

Discovery
EDUCATION

全国优秀出版社
全国百佳图书出版单位
广东教育出版社

广东省版权局著作权合同登记号
图字：19-2011-097号

本书原由 Weldon Owen Pty Ltd 以书名*DISCOVERY EDUCATION SERIES · Moon Missions*（ISBN 978-1-74252-202-9）出版，经由北京学乐图书有限公司取得中文简体字版权，授权广东教育出版社仅在中国内地出版发行。

图书在版编目（CIP）数据

Discovery Education探索·科学百科.中阶.4级.B4，登月计划/[澳]爱德华·克洛斯著；冯薇（学乐·译言）译.—广州：广东教育出版社, 2014.1
（中国少年儿童科学普及阅读文库）
ISBN 978-7-5406-9475-3

Ⅰ.①D… Ⅱ.①爱… ②冯… Ⅲ.①科学知识—科普读物 ②月球—空间探索—少儿读物 Ⅳ.①Z228.1 ②P184-49 ③V11-49

中国版本图书馆 CIP 数据核字(2012)第167666号

Discovery Education探索·科学百科（中阶）
4级B4 登月计划

著 [澳]爱德华·克洛斯 译 冯薇（学乐·译言）

责任编辑 张宏宇 李 玲 丘雪莹 助理编辑 能 昀 于银丽 装帧设计 李开福 袁 尹

出版 广东教育出版社
　　地址：广州市环市东路472号12-15楼　邮编：510075　网址：http://www.gjs.cn
经销 广东新华发行集团股份有限公司　　　印刷 北京顺诚彩色印刷有限公司
开本 170毫米×220毫米　16开　　　　　印张 2　　　字数 25.5千字
版次 2016年5月第1版　第2次印刷　　　装别 平装

ISBN 978-7-5406-9475-3　定价 8.00元

内容及质量服务 广东教育出版社 北京综合出版中心
　　　　电话 010-68910906 68910806　网址 http://www.scholarjoy.com
质量监督电话 010-68910906 020-87613102　购书咨询电话 020-87621848 010-68910906

目录 | Contents

月亮神话

千百年来，关于月亮的神话和传说数不胜数，早在史前时代，人类就凝望着夜空，思考月亮是如何形成的，这个挂在空中闪闪发光的圆形物体究竟是什么。

月亮迷人的光芒给人一种奇幻的感觉，这让其成为许多文化中民间传说里的主角。苏美尔人相信，人死之后，灵魂会飞向月亮，然后沉入冥界。希腊人把月亮当作丰产女神和生育的庇护者来崇拜，而罗马人则认为，月亮是动物们的保护者。

月球地图

伽利略通过望远镜观察之后，画出了月球的第一张草图，他的绘图展示出了一些今天我们已确认的月球的主要特征。另一位早期的天文学家约翰内斯·赫维留斯在1647年发表了月球地图，上面还标出了被认为是海洋的阴暗区。

约翰内斯·赫维留斯

狼人

在一个古老的传说中，一种由人在月满之夜变成的与狼相似的动物。

**月亮女神塞勒涅
（Selene）**

希腊的月亮女神塞勒涅以她无数的风流韵事而著称，特别是和牧羊人恩底弥翁（Endymion）的故事，他们一共有50个女儿。为了不让恩底弥翁变老，天神宙斯对其施法让他永远沉睡下去。

日食和月食

当月球运行至太阳和地球之间时，就会发生壮观的日食现象。由于月球挡住了太阳射向地球上某些地区的光线，所以这些地区的白天在几秒钟之内就会变成黑夜。而当地球运行至月球和太阳之间时，则会发生月食现象，地球会挡住太阳射向月球的光，月食现象每年基本都会发生一次。

太空竞赛

1957 年，前苏联把人类历史上的第一颗人造地球卫星"斯普特尼克 1 号"成功发射到环地轨道之上，这一消息在世界各地引起了轰动。美国也不甘人后，开始筹备他们的第一次太空探险。于是，一场太空竞赛拉开了帷幕。

美国和前苏联都启动了自己的科研计划，很显然，两者都希望成为第一个实现登月梦想的国家。这两个沉溺在"冷战"之中的国家，把太空竞赛看做是展示其强大国力的一种方式。

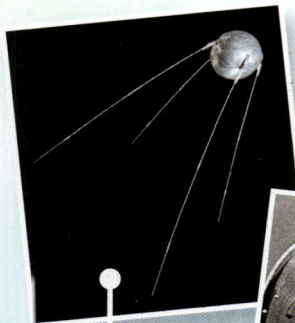

1957年
前苏联发射的"斯普特尼克1号"是一个小型的金属球状物，也是人类历史上第一颗进入太空的人造地球卫星。

1957年
"斯普特尼克2号"第一次携带动物——名为"莱卡"的狗进入预定轨道，但可悲的是，由于无法返回，这只狗最终死在了太空之中。

1961年
前苏联宇航员尤里·加加林成为第一个进入太空的人，当时他所乘坐的火箭围绕地球飞行了108分钟。

1961年
美国总统约翰·肯尼迪宣布美国将在1970年以前实现登月梦想。

1962年
约翰·格伦成为第一个环绕地球飞行的美国人，当时他乘坐"友谊7号"飞船，一共围绕地球飞行了3圈。

太空中的动物

为了降低风险，在人类进入太空之前，美国和前苏联先后把狗、黑猩猩和猴子等动物送入到太空，大部分动物都安全地返回了地球，这证明把人类送入到环地轨道之中也是安全的。

1963年

前苏联的瓦莲金娜·捷列什科娃成为第一个进入太空的女人，当时她驾驶"沃斯托克6号"在太空飞行了近3天的时间。

1965年

1965年6月3日，埃德·怀特成为第一个在飞船之外进行太空漫步的美国人。

1966年

前苏联的"月球9号"成为第一艘在月球上实现软着陆的飞船。

1966年

在这一年的"月球探测器任务"中，一共发射了5个航天器，对月球表面进行了拍摄，并绘制了地图。

1968年

"阿波罗8号"执行了人类历史上第一次载人离开地球轨道，对月球远端进行探测的任务。

1969年

著名的"阿波罗11号"携带宇航员尼尔·阿姆斯特朗和巴兹·奥尔德林降落在月球表面，这是人类首次登陆月球。

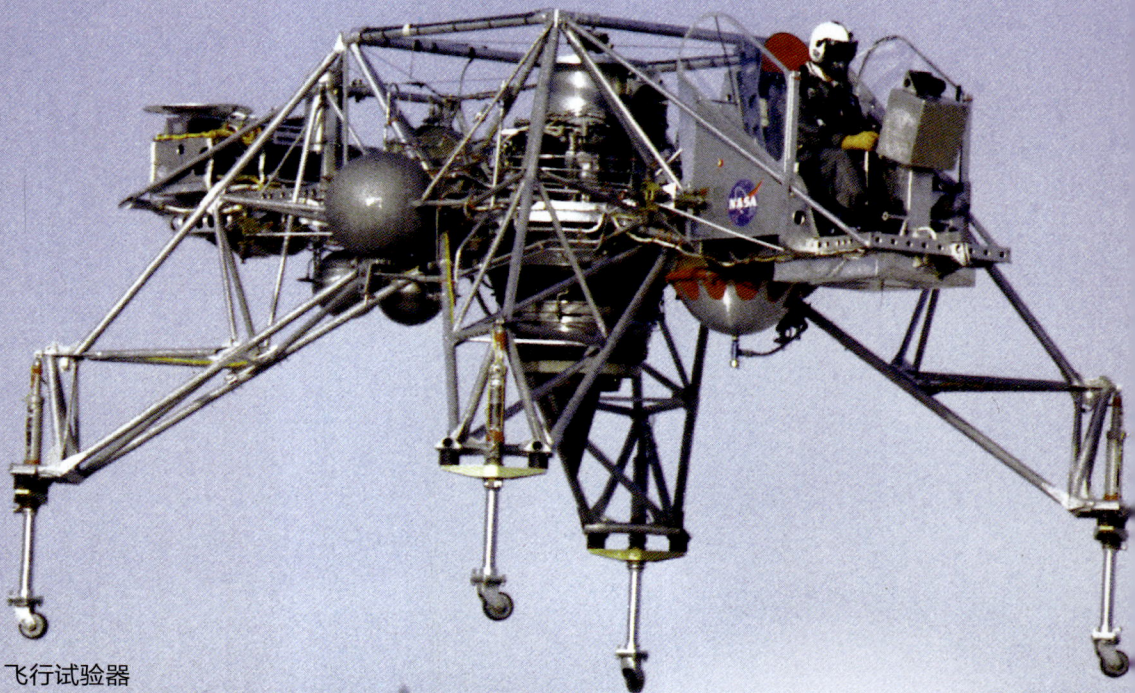

飞行试验器

飞行试验器是NASA所使用的试验飞船之一，宇航员们使用这种由火箭驱动的登月模拟器（LLRV）来为阿波罗任务作演练。在一次训练中，尼尔·阿姆斯特朗由于失去对LLRV的控制而差点身亡。

宇航员的训练

美国国家航空航天局（NASA）的第一批宇航员都拥有喷气式飞机试飞员的工作经验，这些勇敢的人不仅要掌握一定的工程技术，并且由于航天器座舱比较小，所以他们的身高也不能超过 180 厘米。另外，他们都曾经在极端条件下完成过飞行任务，这使得他们能够被选中成为 NASA 的首批宇航员。

NASA 对宇航员的训练并不局限于室内模拟器和测试实验室，他们经常利用一些荒芜的沙漠训练宇航员"月球漫步"和采集岩石样品。到 20 世纪 60 年代末，像地质学家哈利·施密特这样的科学家也被选为 NASA 的宇航员。

如何在太空中生存

在宇航员正式进入太空执行任务之前，他们还需要进行一些生存技能训练，以帮助他们在太空中或者返回地球时应对紧急情况。

模拟月球景观

位于美国亚利桑那州的"煤渣湖"被用来模拟月球表面的地形，宇航员在上面演练如何对月球表面进行探索，上面的小陨石坑是用炸药炸成的。宇航员在此可以练习如何使用他们的宇航服、工具和月球车。

鉴定岩石

在冰岛、加拿大和美国大峡谷进行地质方面的培训，告诉宇航员如何去鉴定岩石的类型，从而找到月球是如何形成的证据。

生存训练

宇航员需要在丛林中（如巴拿马）进行生存训练，以防他们在返回地球时降落在偏远地区而出现意外。

墙上行走

NASA的一个训练项目，用缆绳吊着宇航员，让其侧身在一面墙上行走，这样可以模拟出低重力时的情形，这一技术能够降低宇航员在太空中行走的难度。

用降落伞制作衣服

在美国西部的沙漠中，宇航员们要学习如何利用降落伞来制作衣服。如果他们返回地球时降落在炎热而荒芜的地区，这一技术能够帮助他们应对极端高温的天气。

倒计时

额外的时间

　　"阿波罗"飞船的发射倒计时持续了28个小时，如果遇到任何技术问题，修复期间计时表都会停下来，所以实际的倒计时超过了28个小时。

倒计时——28:00:00
开始正式进入倒计时

倒计时——16:00:00
对火箭进行安全检查

倒计时——11:30:00
安装火箭紧急自毁装置

倒计时——08:15:00
开始装载火箭燃料

倒计时——05:02:00
宇航员们进行身体检查

倒计时——04:32:00
宇航员们吃早餐

倒计时——03:57:00
宇航员们穿上太空服

倒计时——02:55:00
宇航员们抵达发射台

倒计时——02:40:00
宇航员们进入指挥舱

美国佛罗里达州的卡纳维拉尔角，发射日当天，宇航员们已经准备好开启月球之旅。任务控制中心进入了倒计时状态，正在对每一个环节进行检查，以确保宇航员的安全和任务的顺利完成。

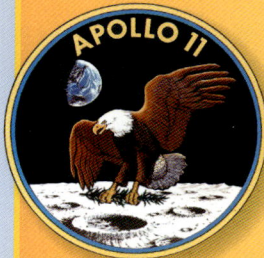

"阿波罗11号"徽章
"阿波罗11"号上第一位在月球上行走的宇航员将佩戴这枚徽章。

早上
　　距离发射还有5小时时，医生对宇航员们的身体逐一进行检查。距离发射还有4小时30分时，宇航员们开始吃早餐。

任务控制中心

　　NASA的任务控制中心位于美国得克萨斯州的休斯顿，该中心负责在每个关键阶段对登月任务下达命令。数十人目不转睛地盯着电脑显示屏上的警示灯，如果在倒计时的关键阶段出现了任何问题，这些警示灯就会闪烁起来。

　　任务控制中心使用一个简单的秒表来掐算倒计时的具体时间。

穿上太空服
发射倒计时4小时，宇航员们在工作人员的帮助下穿上为发射准备的太空服。

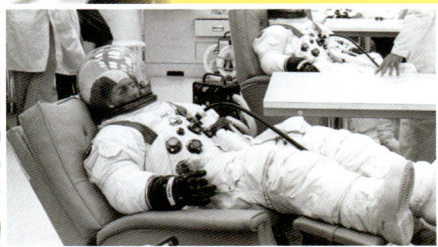

在发射台上
发射倒计时3小时，宇航员抵达发射台，随后乘电梯抵达发射塔顶部。

准备登机
发射倒计时2小时40分钟，宇航员准备进入指令舱，为升空作准备。

倒计时——01:55:00
检查任务控制中心和飞船的连接情况

倒计时——00:15:00
飞船切换到内部能源

倒计时——00:06:00
飞船进行最终状态检查

倒计时——00:03:10
激活自动发射计时系统

倒计时——00:00:50
火箭切换到内部能源

倒计时——00:00:09
发动机点火

倒计时——00:00:02
所有发动机运行

倒计时——00:00:00
发射升空

严密监测
电脑会对发射台上的宇航员、飞船和火箭系统进行严密的监测。

发射升空

1969 年 7 月 16 日，数千名来自美国各地的观众聚集在美国佛罗里达州的卡纳维拉尔角，和世界各地数以百万计的电视观众一同观看了"阿波罗 11"号的发射过程。

距离发射 9 秒钟时，"土星五号"火箭的发动机点火，开始酝酿强大推力；距离发射 3 秒钟时，发动机达到满荷功率；距离发射 2 秒钟时，发射塔上的发射架释放火箭；两秒钟后，火箭发射升空！"土星五号"火箭从发射台缓缓上升，12 秒之后，彻底离开发射塔，向遥远的太空飞去，"阿波罗 11 号"飞船向月球进发！

珍贵的门票

一些幸运的人获得了进入NASA贵宾区观看"阿波罗11号"发射场面的许可，这些门票成了这次千载难逢的大事件的珍贵记录。如今，人们可以在位于美国佛罗里达州的肯尼迪航天中心看到一个和"土星五号"运载火箭尺寸完全相同的复制品。

一次强大的发射

高度超过110米、直径10米、总重量300万千克、能产生340万千克的上升推力——"土星五号"是人类有史以来所建造的最大最强的火箭，这种火箭所产生的推力能够同时把500头大象推离地面。

"土星五号"所产生的推力超过了85座美国胡佛水坝产生的动力。

抓住发射瞬间

发射场周围布置了几十个摄像头，其中包括位于火箭最顶端的一个。这些远程摄像头能够在温度很高的地方拍摄下发射时的视频和照片。

疯狂的民众

一些疯狂的民众为了能够亲眼目睹"阿波罗11号"的发射过程，在位于卡纳维拉尔角发射场19千米的地方扎营数日，而一些特别嘉宾则能够在距离火箭比较近的看台上观看发射过程。

团队的努力

一支拥有数百位技术人员的团队在卡纳维拉尔角的肯尼迪航天中心努力工作，保证了"土星五号"运载火箭能够安全离开发射塔。

① 发射升空

　　三级运载火箭"土星五号"从美国佛罗里达州的卡纳维拉尔角发射到环地轨道之上，指令舱、服务舱和登月舱位于火箭的顶部。

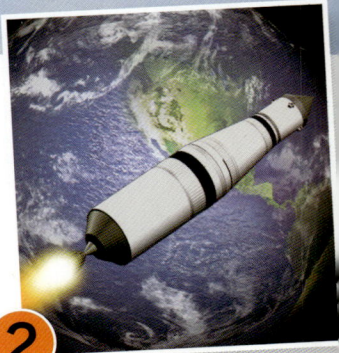

② 向月球前进

　　"土星五号"运载火箭的第一级和第二级脱落，坠毁在地球大气层。在环绕地球运行一圈之后，第三级发动机点火，带着宇航员们向月球前进。

飞往月球

1961 年，当肯尼迪总统极其大胆地将美国要在 1970 年以前登陆月球设为目标时，工程师们把人类送到太空的经验还非常欠缺，更没有人知道把人类送到月球上的最佳办法。

　　科学家们最终决定，使用两个航天器应该是最好的办法，并依此开始筹备工作。事实证明，这种办法的确非常奏效，此后这种办法被应用到了 NASA 所有的月球任务上。

3

换位和对接

　　宇航员把已经结合在一起的指令/服务舱和登月舱对接起来，火箭的第三级被丢弃并坠落。

4

进入环月轨道

　　三天后，服务舱的主发动机减慢了飞船的速度，进入环月轨道。

5

在月球表面降落

　　载有两名宇航员的登月舱与飞船分离并降落在月球上，第三名宇航员在指令/服务舱中进行观测。

6

再次发射升空

　　宇航员返回登月舱并从月球表面起飞，登月舱的下半部分被留在了月球上。

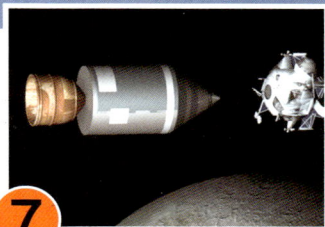

7

重新进入环月轨道

　　登月舱顶部与指令/服务舱重新对接，宇航员重新返回指令舱。

8

开始返回地球

　　服务舱的主发动机启动，三名宇航员离开月球轨道，开始返回地球。

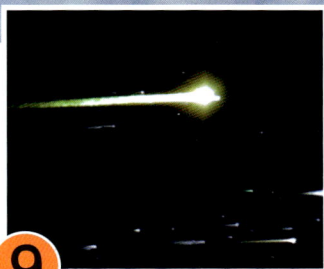

9

从太空返回

　　在接近地球的时候，指令舱与服务舱分离开来，两者都会返回地球，但拥有热屏蔽层的指令舱能够抵抗巨大的摩擦热量而幸存下来。

10

降落在海中

　　指令舱在进入地球的大气层之后会打开降落伞，以减缓其下降的速度。载有三名宇航员的航天器降落在太平洋之中，随后由海军的舰艇救起。

"阿波罗 11 号"

猎鹰号已成功着陆！1969 年 7 月 20 日，发生了一件历史上最为引人注目的事件——人类首次登上了月球。千百万地球人观看了尼尔·阿姆斯特朗、巴兹·奥尔德林和他们的登月舱在月球表面成功着陆的全过程，在登月舱熄火 20 秒之后，阿姆斯特朗在月球表面的宁静海成功着陆。

当尼尔·阿姆斯特朗走下登月舱首次踏上月球的土地时，他说出了那句彪炳千秋的名言："这是个人的一小步，却是人类的一大步！"

第一步

尼尔·阿姆斯特朗是第一位走出登月舱并踏上月球土地的宇航员，紧随其后的第二位宇航员是埃德温·巴兹·奥尔德林，而第三位宇航员迈克尔·柯林斯则留在指令/服务舱继续环绕月球飞行。

着陆

当登月舱在月球表面实施降落时，阿姆斯特朗意识到自动驾驶仪正在控制登月舱向一个满是石头的区域飞去，在短暂的思考之后，阿姆斯特朗选择了自行驾驶登月舱，然后安全降落在一个比较平坦的区域中。虽然经历了一些惊心动魄的时刻，但最终他们还是成功着陆。

一个自豪的时刻

阿姆斯特朗的脚印被一个安装在登月舱之外的小型黑白电视摄像机拍摄下来传回地球，供人们观看。

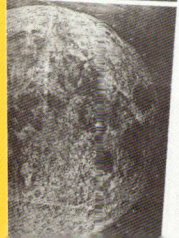

头条新闻

"阿波罗11号"成功登月成为世界各地的头条新闻，许多1969年经历过此事的人还记得当年"阿波罗11号"成功登陆月球时带给他们的感动。

月球景观

尼尔·阿姆斯特朗在距离登月舱60米的地方，对降落地点周围的景观进行了拍摄。

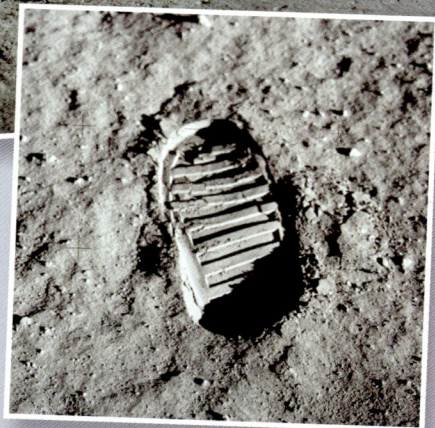

著名的脚印

巴兹·奥尔德林拍摄了自己的脚印。通过这个著名的脚印，能够对月球土壤的特性进行鉴定，他的靴子在月球的尘土中留下了清晰的轮廓。

一定不要忘记

尼尔·阿姆斯特朗的太空服袖口上印着需要完成的任务清单，这可以保证他在月球漫步之时不会忘记任何一个实验。

月球探索

在尼尔·阿姆斯特朗安全踏上月球表面并可以自由走动之后，他开始探测周围的环境。20分钟后，巴兹·奥尔德林也加入进来。他们的任务是收集岩石和土壤样本并拍照，此外还要架设起相应的研究设备，为地球上的科学家采集有价值的数据。

1

降落伞打开

在指令舱通过炽热的大气层之后，三个降落伞同时打开。

降落在海里

"阿波罗 11 号"登月任务的最后阶段是非常危险的，指令舱以 39 500 千米 / 小时的惊人速度进入地球大气层。在此过程中，任何一个小的失误都有可能导致指令舱燃烧损毁，或者造成指令舱撞击海洋的力量过大，对宇航员们形成致命威胁。

2

减缓速度

降落伞发挥作用，在指令舱接近海洋的时候降低其坠落的速度。

3

指令舱浮出海面

三个大气球开始充气，以保证指令舱漂浮在海面上。

救援队伍

指令舱降落之后，直立着漂浮在海面上，附近的美国海军航母上的潜水员帮助宇航员们从指令舱中爬出来并进入安全篮之中，然后他们被海洋直升机转移到待命的船只上。

返回地球

指令舱是整个飞船唯一完好无损地返回地球的一个部分，虽然隔热层能防止其被熔化掉，但与大气层摩擦而产生的极端高温仍然把指令舱的外表烧成了棕色。

月球细菌

科学家们最初比较担心宇航员可能会把一些危险的细菌从月球上携带回来，为了以防万一，宇航员在返回地球之后被隔离了两个星期。不过这一流程在以后的登月任务中被取消。

理查德·尼克松总统探望隔离中的宇航员们。

"阿波罗 11 号" 之后

在尼尔·阿姆斯特朗和巴兹·奥尔德林首次成功踏上月球的土地之后，"阿波罗任务"的危险度开始越来越高。"阿波罗 11 号"之后相继又有五次"阿波罗任务"执行成功。其中"阿波罗 14 号"上的宇航员利用一个工具车收集了月球的陨石坑碎片，而"阿波罗 15 号"则利用一辆月球车对月球上的山区进行了探测。1972 年，"阿波罗 17 号"上的宇航员乘坐一辆月球车前进到距离登月舱 8 千米的地方，另外这也是唯一的一次有科学家随行的"阿波罗任务"。

实际上，在"阿波罗任务"中还有三次登陆月球的计划，但是由于 NASA 削减成本而被叫停。这六次成功的"阿波罗任务"为地球上的科学家们带回了大量供实验室研究的月球岩石和尘埃样本。

月球车

在后期的"阿波罗任务"中，普遍使用了月球车来对月球表面进行探测。月球车上装备了能够提供良好牵引力的金属丝网状车轮、四轮驱动、四轮转向和一台连有天线的电视摄像机。

太空工具

为了收集月球上的岩石和尘埃样本，宇航员们使用耙子来对小石头进行筛选，然后用夹子夹起岩石缝隙中的石头。一本画册的书页被用来标识太空照相机拍摄的正确位置。

耙子

夹子

画册

在月球上行进的距离

该图显示了每次登月任务中宇航员在月球上步行、使用手推车或月球车前进的距离。

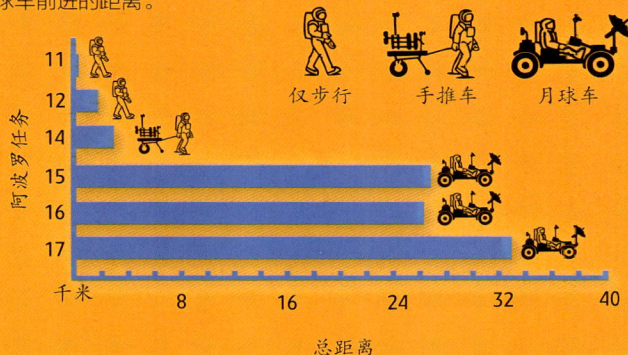

仅步行　　手推车　　月球车

阿波罗任务

千米　　8　　16　　24　　32　　40

总距离

低重力跳

月球的重力只有地球的六分之一，如此低的重力可以让宇航员们在月球表面跳得非常高。

太空纪念品

每次宇航员们"月球漫步"时，都会在月球上留下许多纪念品。"阿波罗11号"的宇航员们在上面留下了一个象征和平的金色橄榄枝，而其他人则留下了一些个人信息，例如小牌匾和朋友及家人的照片等等，这些纪念品可能会在月球表面存在数千年。

"阿波罗15号"留下的纪念牌匾　　查理·杜克留下的家庭照片

"阿波罗 13 号"

在"阿波罗 13 号"登月任务的执行过程中，宇航员刚刚完成一组电视现场直播并发回地球，突然一声巨响，随后氧气表和电表读数下降到零，服务舱的一个氧气罐发生了爆炸，部分船体因此损坏。在一片紧张的气氛中，数百名 NASA 的工作人员开始想方设法帮助宇航员们应对紧急的情况。损坏的指令舱最终被关闭，而宇航员们则乘坐一个小型的登月舱结束了四天的"登月之旅"，并成功返回地球。

"休斯敦，我们这里出现了问题！"
——杰克·斯威格特（Jack Swigert）
指令舱驾驶员
1970年，4月13日，阿波罗13号

1970年4月13日，执行登月任务的"阿波罗13号"飞船在佛罗里达州卡纳维拉尔角发射升空，飞船上的宇航员有吉姆·洛弗尔、弗雷德·海斯和杰克·斯威格特。

一个氧气罐在登月之旅中发生了爆炸。

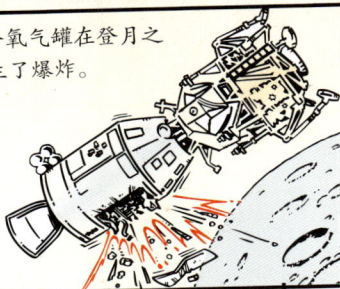

宇航员启动登月舱的发动机，登月舱通常用来执行登陆月球等任务。

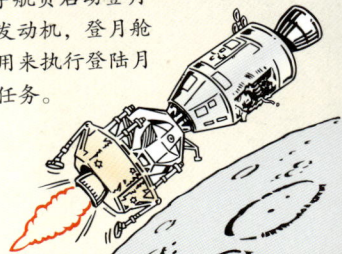

宇航员们进入环月轨道，在绕过月球后，开始返回地球。

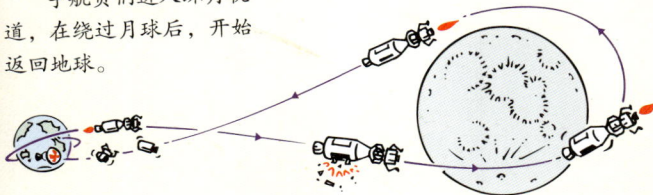

出于安全起见，微型登月舱开始了缓慢的、为期四天的旅程。

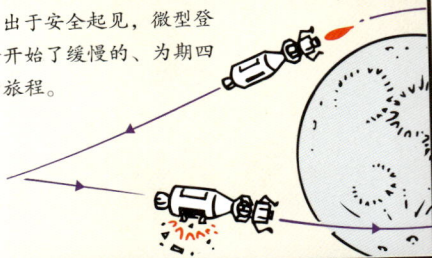

指令舱由自身的电池供电，并重新进入地球的大气层。

宇航员们成功在海面实现了降落，任务控制中心在休斯敦庆祝了这一"最美好的时刻"，正是他们不知疲倦地工作挽救了宇航员的生命。

阿波罗计划

NASA 的"阿波罗登月计划"开始于20 世纪 60 年代初，在这段时间里，一共成功实现了 6 次人类登月。

阿波罗项目被视为美国所取得的最高成就，为他们带来了极大荣誉。

无人驾驶
阿波罗任务：5号
日期：1968年1月
主要特点：为了测试登月舱上升和下降的发动机系统
摘要：登月舱所进行的一次无人飞行试验。

灾难
阿波罗任务：1号
日期：1967年2月
主要特点：首次载人的"阿波罗任务"
摘要：在发射前的测试中飞船发生大火，三名宇航员全部丧生。

轨道飞行
阿波罗任务：7号、8号、9号、10号
日期：1968年10月至1969年5月
主要特点：第一批载人的"阿波罗登月任务"
摘要："阿波罗7号"首次实现环地飞行，"阿波罗8号"首次实现环月飞行。

发射
阿波罗任务：2号、3号、4号、6号
日期：1962年至1968年
主要特点：测试火箭和飞船的发射
摘要：处于"阿波罗计划"的试验阶段，飞船上没有载人。

月球着陆
阿波罗任务：11号、12号、14号、15号、16号、17号
日期：1969年7月至1972年12月
主要特点：首次在月球上实现着陆的"阿波罗登月任务"
摘要：一共成功着陆6次，"阿波罗17号"是距离今天最近的一次载人登月任务。

所有的"阿波罗任务"中的月球着陆点都选在了月球赤道附近，原因是要尽量减少所需燃料。

再访月球

在"阿波罗"于 1972 年执行完最后一次登月任务之后，月球旅行被美国和前苏联搁置了数年之久，取而代之的是双方都开始探索其他行星和建造国际空间站。1976 年至 1990 年间，地球上没有任何飞船对月球进行探险。

近几年来，月球探测重新引起了人们的兴趣。日本、中国和印度都计划向月球发射太空探测器，而美国也曾计划在 2020 年再次把宇航员送往月球，但这一被称作"星座计划"的重返月球计划目前已夭折。

鲁诺克候德2号（1973年）

"鲁诺克候德2号"是由前苏联发射的在月球上着陆的两个无人探测车中的第二个，由"月神21号"飞船将其带到月球上。地球上的任务控制中心对该车进行控制，一共在月球上行驶了37千米，主要用于收录月球表面的图像。

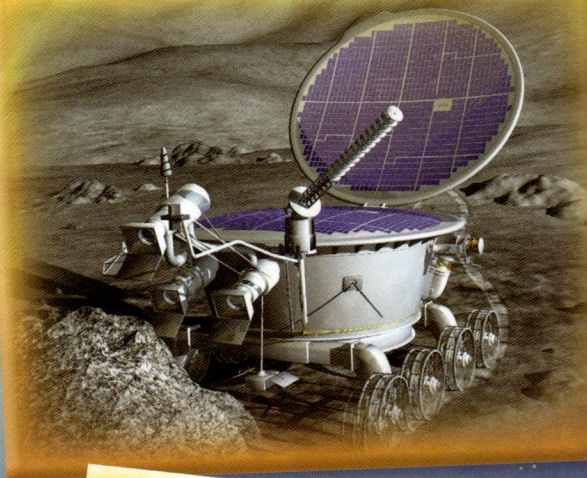

日本（2007年）

"塞勒涅号"是日本所发射的第二艘进入月球轨道的飞船。在环绕月球飞行了一年零八个月之后，最终于2009年6月在月球表面坠毁。科学家们利用"塞勒涅号"收集的数据来研究月球表面的地质演化。

克莱门汀号（1994年）

由美国军方发射的探测器，用来对各种摄像头传感器和飞船部件进行测试。"克莱门汀号"还依靠其高品质的摄像系统向地球传回了一些科学观测资料。

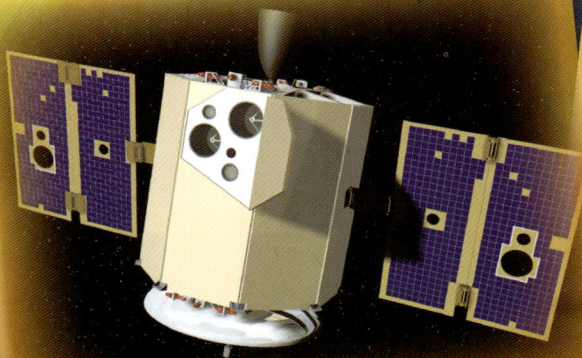

NASA的月球勘测轨道飞行器（2009）

建造该飞行器的目的是绘制月球的三维地图、寻找月球两极的冰，以及拍摄并传回能显示月球表面微小细节的高分辨率照片，比如执行"阿波罗登月任务"时留在月球表面的着陆器和月球车等等。

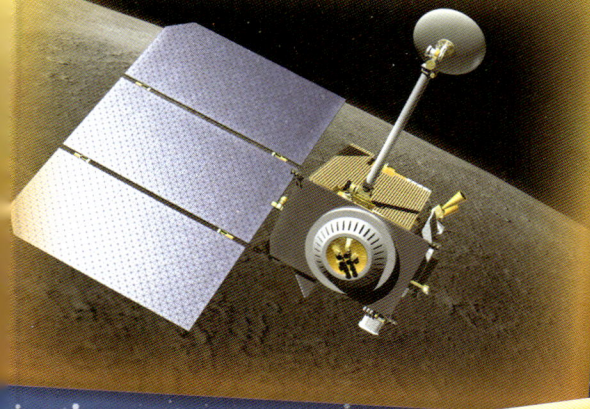

全球月球任务

美国是执行月球任务次数最多（37次）的国家，紧随其后的是俄罗斯，一共执行过29次月球任务。

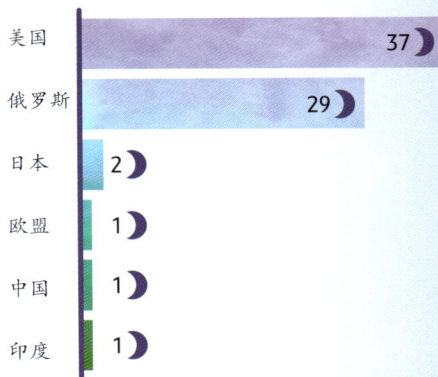

国家	次数
美国	37
俄罗斯	29
日本	2
欧盟	1
中国	1
印度	1

"猎户座"（美国）

美国曾经计划利用"战神1号"和"战神5号"火箭发射"猎户座"太空船，同时携带"牵牛星"月球着陆器在2020年前往月球。但是2010年10月，美国总统签署法案，包括"战神5号"在内的"星座计划"宣告终结，但相关技术可能用于未来的太空探索计划。

未来的月球车（未来）

未来执行登月任务的飞船可能会是高科技的月球探测车，这些大型的增压探测车能够前进到比以往任何距离都要远的地方，能帮助宇航员对月球表面的陨石坑、山脉和峡谷进行探索。

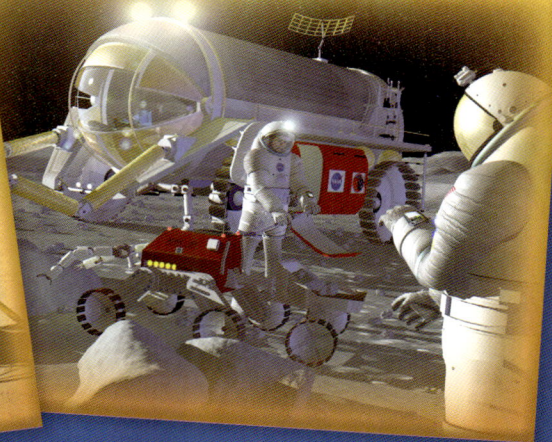

月球档案

陨石坑的形成

当一颗流星、小行星或彗星冲撞月球时，会发生爆炸，从而在月球表面形成一个大坑。

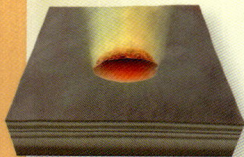

1.气化

当一个物体冲撞月球表面时，该物体和周边的岩石将会发生气化现象。

2.冷却

气化的岩石首先会飞到空中，冷却之后变成岩石碎片再回落到月球之上。

3.冲撞

所形成的陨石坑一般会是圆形，即使物体冲撞月球时有一定的角度。

高地

数十亿年来，月球表面的大部分地区都被流星和小行星撞击过，举目望去，月球表面的陨石坑形成了绵延不绝的高地，明亮到裸眼都可以看见。有些陨石坑的宽度更是高达300千米。

熔岩

这是由冷却的熔岩形成的。

珍贵的岩石

这些都存储在封闭的容器中。

月球岩石

执行"阿波罗登月任务"的宇航员们相继在月球上收集了超过2 400个岩石和尘埃样本，这些月球岩石由科学家进行了仔细研究，其价值比黄金和钻石更加珍贵。

男子跳高

地球上的纪录是2.45米，月球上该纪录将被改写成近15米。

女子跳远

地球上的纪录是7.52米，月球上该纪录将被改写成46米。

男子标枪

地球上的纪录是98.5米，月球上该纪录将被改写成约600米。

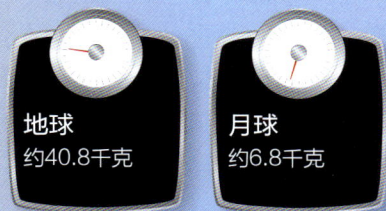

地球 约40.8千克

月球 约6.8千克

体重降低

月球上的重力只有地球的六分之一，所以不管你的体重在地球上是多少，当你站在月球上，体重就会变成原来的六分之一。

坚硬的月球地壳　月球地幔　以铁为主的小核心

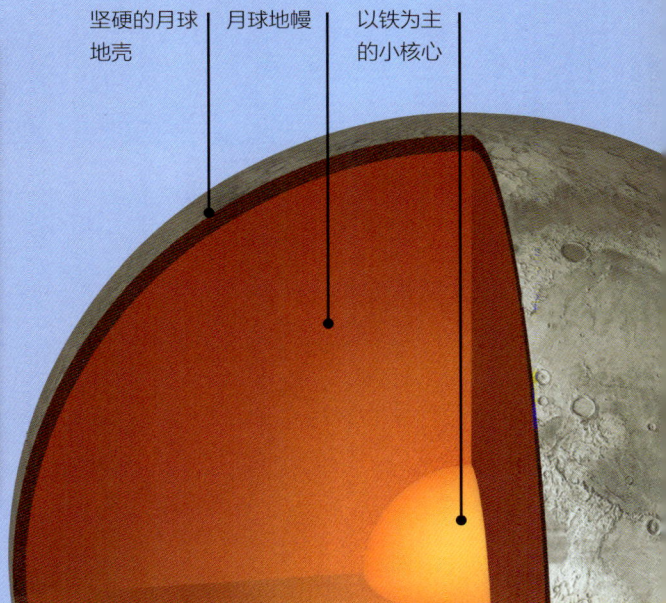

月球温度

月球上的温度变化非常快，当受到阳光的直射时，温度会急剧升高；而那些阴影地区则非常寒冷。宇航员们一般都依靠太空服来应对如此极端的温度。

1 阳光照射到的地方会变得很热。

2 阴影部分则是一片冰冷。

月球内部

通过"阿波罗登月任务"和最近的一些太空探测器的探索，人们认为，月球拥有一个寒冷且坚硬的地壳，其中并没有太多的金属；而在月球表面以下也没有发现岩浆活动。

知识拓展

天线(antenna)
一个用于发送和接收广播电视信号的电器设备。

阿波罗计划(Apollo)
NASA在20世纪60年代初启动的一个以抵达月球为目标的太空计划。

小行星(asteroid)
围绕太阳旋转的小型岩石星体。

宇航员(astronaut/cosmonaut)
以太空飞行为职业或进行过太空飞行的人。

大气层(atmosphere)
一层由于重力而围绕在月球或其他星体表面的薄薄的气体层。

彗星(comet)
由岩石和冰构成的物体，围绕太阳飞行，轨道一般比较长。

指令舱(Command module)
阿波罗飞船的一部分，宇航员和主控制系统位于该舱，通常被作为返回舱使用。

陨石坑(crater)
彗星或陨石撞击行星或月球表面时形成的圆形坑。

地壳(crust)
地球和其他类地行星表面的岩石层。

地质学(geology)
以研究岩石的形成和历史为主的一门科学。

重力(gravity)
存在于星球上指向球心的一股无形的拉动力量。

发射台(launch pad)
供装载有飞船的火箭向太空发射所用的基地。

发射(liftoff)
火箭从发射台开始飞行的那一刻。

月食(lunar eclipse)
在地球运行到太阳和月球之间时，地球遮住太阳射向月球的光而形成的一种天文现象。

月球高地(lunar highlands)
月球表面的山区。

月球车(Lunar rover)
"阿波罗"飞船上的宇航员所使用的车辆，用来探测月球的表面。

地幔(mantle)
行星或其他星体的内部区域，位于地壳和核心之间。

陨石(meteorite)
与行星或月球表面发生碰撞的来自天空的一块石头或金属。

NASA
全称是"美国国家航空和航天局"，美国所有太空计划的主管机构。

轨道(orbit)
一个天体由于引力而围绕另一个天体旋转运行的路径。

隔离检查(quarantine)
把人隔离一段时间，以防止细菌和疾病的蔓延。

火箭(rocket)

燃烧搭载在箭体上的燃料和氧气提供推动力的一种飞行器。

卫星(satellite)

太空中在某个天体的轨道上运行的任何天体，卫星可以是人造的，也可以是天然形成的。

土星五号(saturn v)

NASA在执行"阿波罗登月任务"时所使用的运载火箭。

服务舱(service module)

"阿波罗"飞船的一部分，携带有发动机、推进器、电力供应和氧气，在指令舱返回地球大气层之前被分离丢弃。

日食(solar eclipse)

当月球运行到太阳和地球之间，遮住太阳射向地球部分区域的光线而形成的一种天文现象。

太空探测器(space probe)

在环地轨道上运行的一种人造飞船。

空间站(space station)

为了延长人类在太空中的活动时间而设计的一种在环地轨道上运行的飞船。

太空服(space suit)

太空中使用的一种防护型衣服及设备。

探索·科学百科™

Discovery
EDUCATION™

• 世界科普百科类图文书领域最高专业技术质量的代表作 •

小学《科学》课拓展阅读辅助教材

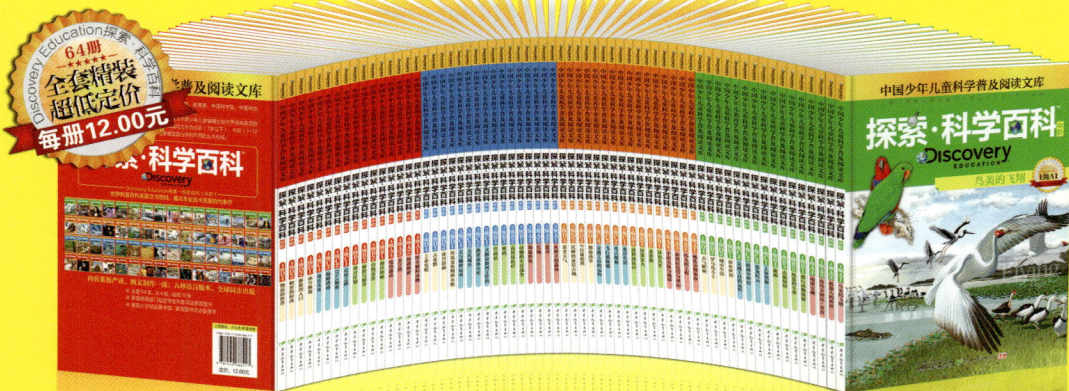

64册
全套精装
超低定价
每册12.00元

中国少年儿童科学普及阅读文库

Discovery Education探索·科学百科（中阶）丛书，是7~12岁小读者适读的科普百科图文类图书，分为4级，每级16册，共64册。内容涵盖自然科学、社会科学、科学技术、人文历史等主题门类，每册为一个独立的内容主题。

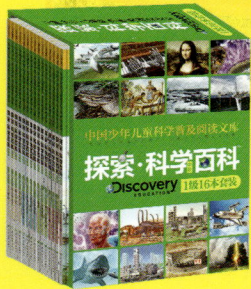

Discovery Education
探索·科学百科（中阶）
1级套装（16册）
定价：192.00元

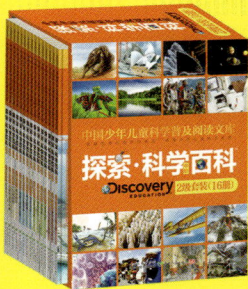

Discovery Education
探索·科学百科（中阶）
2级套装（16册）
定价：192.00元

Discovery Education
探索·科学百科（中阶）
3级套装（16册）
定价：192.00元

Discovery Education
探索·科学百科（中阶）
4级套装（16册）
定价：192.00元

Discovery Education
探索·科学百科（中阶）
1级分级分卷套装（4册）（共4卷）
每卷套装定价：48.00元

Discovery Education
探索·科学百科（中阶）
2级分级分卷套装（4册）（共4卷）
每卷套装定价：48.00元

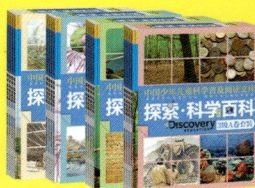

Discovery Education
探索·科学百科（中阶）
3级分级分卷套装（4册）（共4卷）
每卷套装定价：48.00元

Discovery Education
探索·科学百科（中阶）
4级分级分卷套装（4册）（共4卷）
每卷套装定价：48.00元